Abdelhafid Mimouni

Química Bioinorgânica da Hérnia Inguinal

Abdelhafid Mimouni

Química Bioinorgânica da Hérnia Inguinal

ScienciaScripts

Imprint

Any brand names and product names mentioned in this book are subject to trademark, brand or patent protection and are trademarks or registered trademarks of their respective holders. The use of brand names, product names, common names, trade names, product descriptions etc. even without a particular marking in this work is in no way to be construed to mean that such names may be regarded as unrestricted in respect of trademark and brand protection legislation and could thus be used by anyone.

Cover image: www.ingimage.com

This book is a translation from the original published under ISBN 978-620-6-71422-4.

Publisher:
Sciencia Scripts
is a trademark of
Dodo Books Indian Ocean Ltd. and OmniScriptum S.R.L publishing group

120 High Road, East Finchley, London, N2 9ED, United Kingdom
Str. Armeneasca 28/1, office 1, Chisinau MD-2012, Republic of Moldova, Europe
Printed at: see last page
ISBN: 978-620-7-68408-3

QUÍMICA BIOINORGÂNICA DA HÉRNIA INGUINAL

AUTOR

O Dr. Abdelhafid Mimouni é um investigador independente especializado em química de sistemas bioinorgânicos, com vasta experiência em síntese e caraterização macromolecular. Obteve o seu doutoramento em química na Universidade de Paris XII em 1997 e um Diplôme d'Études Approfondies em sistemas bioinorgânicos na Universidade de Paris XI em 1993.

RESUMO

Este livro explora em profundidade os mecanismos da hérnia inguinal a partir das perspectivas da química bioinorgânica e da biologia molecular. Detalha a complexa anatomia da parede abdominal, realça as interacções dos metais e nutrientes na cicatrização dos tecidos e destaca a importância dos oligoelementos e das metaloproteínas na regeneração do músculo e do tecido conjuntivo. Também examina os recentes avanços científicos, incluindo o potencial impacto da radiação gama nas glândulas supra-renais. Este livro destina-se a investigadores, clínicos e estudantes interessados nestas áreas interdisciplinares, com o objetivo de enriquecer a compreensão dos aspectos bioquímicos e moleculares da hérnia inguinal e estimular o interesse em futuros desenvolvimentos nesta área crucial da investigação científica.

PLANO

INTRODUÇÃO...5

CAPÍTULO 1 7

CAPÍTULO 2 16

CAPÍTULO 3 27

CONCLUSÃO...34

GLOSSÁRIO 35

REFERÊNCIAS 42

INTRODUÇÃO

Definição e antecedentes

A hérnia inguinal é uma condição médica comum que ocorre quando o conteúdo da cavidade abdominal, como parte do intestino, sobressai através de um ponto fraco da parede abdominal na zona da virilha. Esta doença afecta principalmente os homens, mas também pode ocorrer em mulheres e crianças. As causas da hérnia inguinal são variadas e incluem factores genéticos, envelhecimento, exercício físico extenuante, obesidade, gravidez, má alimentação e doenças que causam tosse crónica. Estes factores podem enfraquecer os músculos da parede abdominal, tornando a zona da virilha mais suscetível à protrusão de órgãos internos. A incidência de hérnias inguinais é significativa, representando cerca de 75% de todas as hérnias abdominais. Aproximadamente 27% dos homens e 3% das mulheres desenvolverão uma hérnia inguinal durante a sua vida. Tradicionalmente, o tratamento mais comum para esta condição tem sido a cirurgia para reparar a parede abdominal e substituir os órgãos internos. No entanto, como qualquer procedimento cirúrgico, esta opção acarreta riscos, tais como infecções, complicações anestésicas e recorrência da hérnia. Neste livro, exploramos uma abordagem alternativa e não cirúrgica para o tratamento da hérnia inguinal. Através da adoção de métodos baseados em alterações alimentares específicas e da aplicação de uma ligadura especial para hérnias, é possível promover a cura natural da hérnia. Esta abordagem baseia-se no princípio de que, tal como uma rotura de ligamentos ou uma lesão muscular, uma hérnia inguinal pode curar-se por si própria se estiverem reunidas as condições necessárias. Minimiza os riscos associados à cirurgia, evita períodos de recuperação prolongados e permite que os doentes regressem mais rapidamente às suas actividades diárias. Além disso, este método não invasivo pode ser particularmente benéfico para indivíduos com contra-indicações à cirurgia ou que preferem evitar a cirurgia. Seguindo as instruções detalhadas deste livro, os doentes podem assumir o controlo do seu tratamento da hérnia inguinal e promover um processo de cura natural e eficaz.

CAPÍTULO 1

ANATOMIA E FISIOLOGIA DA PAREDE ABDOMINAL

Anatomia dos músculos da parede abdominal

A parede abdominal é uma estrutura complexa constituída por várias camadas de músculos, cada uma das quais desempenha um papel crucial na proteção dos órgãos internos, nomeadamente dos intestinos. No contexto da hérnia inguinal, o músculo oblíquo abdominal interno é particularmente importante, embora outros músculos também contribuam para esta função. A compreensão da anatomia e da fisiologia destes músculos é essencial para compreender os mecanismos da hérnia inguinal e as razões potenciais da sua fraqueza.

Músculo oblíquo interno :

· Localização: O músculo oblíquo interno está localizado abaixo do músculo oblíquo externo e acima do músculo transverso do abdómen. Estende-se lateralmente a partir da crista ilíaca e dos ligamentos inguinais, inserindo-se nas costelas inferiores e na linha alba do abdómen.

· Espessura: A espessura do músculo oblíquo interno varia consoante o indivíduo e o seu nível de aptidão física, geralmente entre 2 e 5 mm. Esta espessura pode influenciar a força e a resistência do músculo à pressão intra-abdominal.

· Comprimento: O músculo oblíquo interno estende-se desde a base da caixa torácica até ao osso púbico, cobrindo um comprimento de 15 a 20 cm. Esta ampla cobertura suporta e estabiliza uma grande parte da parede abdominal.

Músculo transverso do abdómen :

· Localização: O músculo transverso do abdómen é o mais profundo dos músculos abdominais, localizado abaixo do músculo oblíquo interno. Estende-se horizontalmente à volta do abdómen, desde a caixa torácica até ao osso púbico, passando pela coluna vertebral.

· Espessura: A espessura do músculo transverso do abdómen é variável, mas, em média, situa-se entre 1 e 3 mm. A sua posição e orientação tornam-no particularmente eficaz na compressão do abdómen e na estabilização do tronco.

· Comprimento: Semelhante ao músculo oblíquo interno, o músculo transverso do abdómen estende-se desde a caixa torácica até ao osso púbico, proporcionando um apoio completo à parede abdominal.

Músculo oblíquo externo :

· Localização: O músculo oblíquo externo é o mais superficial dos músculos abdominais, sobrepondo-se ao músculo oblíquo interno. Estende-se desde as costelas inferiores até à crista ilíaca e ao osso púbico, formando uma grande camada protetora.

· Espessura: A espessura do músculo oblíquo externo é geralmente entre 2 e 4 mm. Embora superficial, desempenha um papel crucial na torção e na flexão lateral do tronco.

· Comprimento: O músculo oblíquo externo estende-se desde as costelas inferiores até à crista ilíaca e ao osso púbico, cobrindo uma grande área e contribuindo para a estabilidade da parede abdominal.

O papel dos músculos na proteção dos intestinos

Estes músculos trabalham em sinergia para formar uma parede protetora em torno da cavidade abdominal, mantendo os órgãos internos no lugar e permitindo movimentos como a flexão, a torção e a estabilização do tronco. A coordenação e a força destes músculos são essenciais para prevenir a formação de hérnias inguinais, mantendo a pressão intra-abdominal sob controlo.

Causas da fraqueza muscular

1. Factores genéticos :

· Alguns indivíduos podem ter uma predisposição genética para uma parede abdominal mais fraca, aumentando o risco de desenvolver uma hérnia.

2. Envelhecimento :

· Com a idade, os músculos podem perder a sua elasticidade e força, tornando a parede abdominal mais suscetível a hérnias.

3. Esforço físico intenso :

· As actividades que implicam um esforço físico intenso ou súbito, como levantar pesos pesados, podem aumentar a pressão intra-abdominal, contribuindo para a formação de uma hérnia.

4. Obesidade :

· O excesso de peso pode exercer uma pressão adicional sobre a parede abdominal, enfraquecendo os músculos e aumentando o risco de hérnia.

5. A gravidez:

· Nas mulheres, a gravidez pode esticar os músculos abdominais e aumentar a pressão intra-abdominal, o que pode enfraquecer a parede abdominal.

6. Alimentação eléctrica deficiente :

· Uma dieta pobre em nutrientes essenciais pode afetar a saúde muscular, reduzindo a capacidade dos músculos para se manterem e repararem.

Má nutrição e saúde muscular Importância da nutrição para a saúde muscular

Uma dieta equilibrada e rica em nutrientes essenciais é crucial para manter a saúde dos músculos da parede abdominal. Os músculos necessitam de uma série de vitaminas, minerais, aminoácidos e proteínas para crescerem, repararem e funcionarem corretamente. A falta destes nutrientes pode enfraquecer os músculos, tornando-os mais susceptíveis a lesões e a doenças como as hérnias inguinais.

Nutrientes essenciais para a saúde muscular

1. Proteína :

· Função: As proteínas são os blocos básicos de construção do músculo. São necessárias para a reparação e crescimento muscular e para a produção de novas fibras musculares.

-Alimentação   fontes: Carne magra, peixe, ovos, produtos lácteos, legumes, frutos secos e sementes.

2. Aminoácidos essenciais :

· Função: Os aminoácidos são os blocos de construção das proteínas.
Alguns aminoácidos, conhecidos como aminoácidos essenciais, não
podem ser sintetizados pelo organismo e devem ser obtidos através da
alimentação.

· Principais Aminoácidos :

· Leucina: Estimula a síntese proteica muscular.

· Isoleucina: Ajuda na recuperação muscular.

· Valina: Ajuda na energia e na recuperação muscular.

· Fontes alimentares: Carne, peixe, ovos, produtos lácteos, soja, feijão,
lentilhas.

3. Vitaminas :

· Vitamina D :

· Função: Essencial para ossos e músculos saudáveis, ajuda na
absorção de cálcio e na função muscular.

· Fontes alimentares: Exposição à luz solar, peixes gordos, fígado de vaca, queijo, gemas de ovo.

· Vitamina C :

· Função: Contribui para a formação de colagénio, necessário para a reparação do tecido muscular.

· Fontes alimentares: citrinos, morangos, pimentos, brócolos, kiwis.

· Vitamina E :

· Função: Antioxidante que protege as células musculares de danos.

· Fontes alimentares: Frutos secos, sementes, óleos vegetais, espinafres, brócolos.

· Vitamina B12 :

· Função: Importante para a produção de glóbulos vermelhos e para a saúde dos nervos, contribui para a regeneração muscular.

· Fontes alimentares: Carne, peixe, ovos, produtos lácteos, cereais enriquecidos.

4. Minerais :

· Cálcio :

· Função: Essencial para a contração muscular e para a saúde dos ossos. Minerais:

· Cálcio :

· Função: Essencial para a contração muscular e para a saúde dos ossos.

· Fontes alimentares: Produtos lácteos, sardinhas, tofu, brócolos, amêndoas.

· Magnésio :

· Função: Ajuda ao relaxamento muscular e ao metabolismo energético.

· Fontes alimentares: Frutos secos, sementes, leguminosas, espinafres, abacates.

· Potássio :

· Função: Ajuda a manter o equilíbrio da água e dos electrólitos nas células musculares.

· Fontes alimentares: Bananas, batatas, espinafres, abacates, feijões.

Impacto da nutrição na reparação dos tecidos

A manutenção de uma ingestão adequada destes nutrientes é crucial para a reparação e regeneração do tecido muscular e conjuntivo, o que é essencial para a cura das hérnias inguinais. Em particular, a vitamina C é necessária para a síntese de colagénio, que é importante para a força e elasticidade dos tecidos. As proteínas e os aminoácidos essenciais são necessários para o crescimento e a reparação dos músculos enfraquecidos. As vitaminas e os minerais antioxidantes, como a vitamina E, protegem as células dos danos oxidativos durante a recuperação.

Conclusão

Ao compreender a complexa anatomia da virilha e os factores fisiológicos que contribuem para o desenvolvimento de hérnias inguinais, é possível reconhecer os potenciais riscos e adotar medidas preventivas eficazes. Uma dieta adequada, rica em nutrientes essenciais, pode desempenhar um papel crucial na prevenção das hérnias inguinais, apoiando a saúde muscular e fortalecendo a parede abdominal. Compreender estes elementos é essencial para minimizar o risco de hérnia e promover uma recuperação eficaz após a cirurgia da hérnia.

CAPÍTULO 2

QUÍMICA BIOINORGÂNICA E CURA

O papel dos metais na cicatrização dos tecidos

Os metais desempenham papéis distintos mas complementares na cicatrização dos tecidos, actuando como cofactores enzimáticos, reguladores da resposta imunitária e elementos essenciais na estrutura das proteínas. Aqui está uma análise aprofundada da contribuição específica de cada metal:

Zinco :

Cofator enzimático: O zinco é um cofator essencial para muitas enzimas envolvidas na reparação dos tecidos, em particular as metaloproteinases da matriz (MMPs). Estas enzimas decompõem os componentes da matriz extracelular (MEC), como o colagénio, facilitando assim a remodelação dos tecidos.

Síntese do colagénio: O zinco é crucial para a síntese do colagénio através da ativação das enzimas da família das colagenases. Participa igualmente na regulação dos genes envolvidos na produção de colagénio, favorecendo a formação de novas fibras de colagénio, indispensáveis à cicatrização.

Cobre :

Angiogénese: O cobre é essencial para a angiogénese, o processo de formação de novos vasos sanguíneos. Ativa os factores de crescimento angiogénicos, como o fator de crescimento endotelial vascular (VEGF) e a tirosinase, facilitando a vascularização dos tecidos em regeneração. Antioxidante: O cobre actua como cofator da superóxido dismutase (SOD), uma enzima que neutraliza os radicais superóxidos, protegendo as células contra os danos oxidativos e reduzindo o stress oxidativo durante a reparação dos tecidos.

Ferro :

Hemoglobina: O ferro é um componente essencial da hemoglobina, que transporta o oxigénio para os tecidos danificados. Uma oxigenação adequada é crucial para a sobrevivência das células e para a reparação dos tecidos. Resposta inflamatória: O ferro está envolvido na modulação da resposta inflamatória, regulando a produção de citocinas e moléculas de adesão celular, controlando assim a proliferação celular e as respostas imunitárias durante a cicatrização de feridas.

Manganês :

Formação óssea: O manganésio é essencial para a biossíntese dos glicosaminoglicanos (GAG) e dos proteoglicanos, componentes principais da cartilagem e do osso. Actua como cofator das enzimas envolvidas na formação da matriz óssea, facilitando a regeneração do tecido conjuntivo. Antioxidante: O manganês é um cofator da superóxido dismutase de manganês (MnSOD), uma enzima antioxidante que protege as mitocôndrias das células contra os danos oxidativos, favorecendo a cicatrização das feridas.

Selénio :

Antioxidante : O selénio é um componente da glutatião peroxidase (GPx), uma enzima antioxidante que reduz os peróxidos, limitando os danos oxidativos nas membranas celulares e nas proteínas durante a regeneração dos tecidos.

Modulação da inflamação: O selénio desempenha um papel na modulação das respostas imunitárias e inflamatórias, influenciando a produção de citocinas e regulando a atividade das células imunitárias, optimizando assim o processo de cura.

Magnésio :

Estabilidade celular: O magnésio contribui para a estabilidade das membranas celulares, regulando os canais de iões e os sinais intracelulares. Isto promove uma comunicação celular eficiente e apoia a regeneração de tecidos danificados.

Relaxamento muscular: O magnésio desempenha um papel no relaxamento muscular, actuando como um antagonista natural do cálcio, reduzindo os espasmos musculares e facilitando a recuperação muscular após uma lesão.

Ao interagirem com enzimas específicas e ao regularem processos biológicos críticos, estes metais contribuem coletivamente para a cicatrização dos tecidos. A compreensão do seu papel e das suas interacções complexas permite conceber terapias optimizadas para promover a recuperação após uma hérnia inguinal ou lesões semelhantes.

Interação de metais e nutrientes na cicatrização de tecidos

Os oligoelementos e as metaloproteínas desempenham um papel vital na regeneração dos tecidos musculares e conjuntivos, que são essenciais para a reparação das hérnias inguinais. Os oligoelementos como o zinco, o cobre e o ferro actuam como co-factores enzimáticos nos processos metabólicos envolvidos na síntese proteica e na regulação do crescimento celular.

· Zinco: Essencial para a proliferação celular e a síntese de colagénio. Como cofator das enzimas da família das metaloproteinases da matriz (MMP) e das colagenases, o zinco facilita a remodelação da matriz extracelular. Também estabiliza a estrutura do ADN e do ARN, facilitando a transcrição dos genes necessários para a reparação dos tecidos. Além disso, o zinco influencia a função das células imunitárias, modulando as respostas inflamatórias e a libertação de citocinas pró-inflamatórias, que são essenciais para uma cicatrização equilibrada.

· Cobre: Desempenha um papel vital na angiogénese, o processo de formação de novos vasos sanguíneos, crucial para a revascularização de tecidos danificados. Enquanto cofator da enzima lisil oxidase, o cobre catalisa a reticulação das fibras de colagénio e de elastina, reforçando a estrutura dos novos tecidos. Influencia igualmente a migração e a proliferação das células endoteliais, melhorando o fornecimento de nutrientes e de oxigénio necessários à cicatrização das feridas.

- Ferro: Essencial para o transporte de oxigénio e para a produção de energia celular, é um componente-chave da hemoglobina e da mioglobina, que fornecem oxigénio aos tecidos reparadores. O ferro participa n a s reacções de redução-oxidação no interior das mitocôndrias, favorecendo a produção d e ATP, necessária à proliferação e à migração das células reparadoras. É também um componente de certas enzimas antioxidantes, como a catalase, que protege as células dos danos oxidativos durante a cicatrização.

As metaloproteínas, como a metalotioneína, desempenham também um papel importante na regulação da homeostasia de iões metálicos como o zinco e o cobre. Influenciam os processos inflamatórios e os mecanismos de defesa antioxidante, modulando a libertação destes iões em resposta a sinais celulares, afectando a migração das células imunitárias, a proliferação celular e a síntese de colagénio.

Ao compreender a importância destas interacções entre metais e nutrientes, torna-se possível desenvolver abordagens terapêuticas específicas, tais como suplementos nutricionais optimizados ou biomateriais impregnados com iões metálicos específicos, para promover a cicatrização de hérnias inguinais. Os avanços na química bioinorgânica estão a lançar uma luz valiosa sobre o papel dos metais na cicatrização dos tecidos, tornando possível conceber estratégias mais eficazes do que nunca. terapias inovadoras concebidas para otimizar a reparação dos tecidos afectados por hérnias inguinais e outras lesões semelhantes.

Impacto dos oligoelementos e das metaloproteínas na reparação dos tecidos

Para além do seu papel como cofactores enzimáticos, os oligoelementos e as metaloproteínas interagem de forma complexa com outros componentes celulares para orquestrar a reparação dos tecidos. Por exemplo, o manganês é outro oligoelemento crucial que actua como cofator da superóxido dismutase (SOD), uma enzima antioxidante que protege as células dos danos oxidativos durante a fase inflamatória da cicatrização de feridas. A SOD dependente do manganês neutraliza os radicais livres de superóxido, reduzindo o stress oxidativo e facilitando um ambiente propício à reparação dos tecidos. Embora muitas vezes ignorado, o magnésio desempenha um papel importante na estabilização das estruturas do ADN e do ARN, bem como no metabolismo energético através da sua participação na ATP sintase. É crucial para a migração e a proliferação dos fibroblastos, as células responsáveis pela produção de colagénio e da matriz extracelular. Para além da metalotioneína, as metaloproteínas também incluem proteínas como as ferritinas e as ceruloplasminas. As ferritinas armazenam e libertam ferro de forma controlada, prevenindo os danos celulares induzidos pelo ferro livre, ao mesmo tempo que asseguram um fornecimento constante de ferro para as necessidades metabólicas. A ceruloplasmina, uma proteína de transporte de cobre, desempenha um papel na oxidação do ferro, facilitando a sua incorporação na hemoglobina e na mioglobina, e está também envolvida nas defesas antioxidantes.

As interacções sinérgicas entre diferentes metais e nutrientes são também de grande importância. Por exemplo, o cobre e o zinco são ambos cofactores da superóxido dismutase de cobre-zinco (Cu/Zn SOD), que neutraliza os radicais livres de superóxido, reduzindo assim a inflamação e os danos celulares. Além disso, um equilíbrio ótimo entre estes metais é essencial para evitar efeitos antagónicos, em que uma sobrecarga de um pode levar a uma deficiência relativa do outro, perturbando assim os processos deOs avanços na química bioinorgânica e na biotecnologia estão a permitir a conceção de biomateriais avançados que podem libertar controladamente iões metálicos específicos no local da lesão. Estes materiais podem ser concebidos para imitar as propriedades dos tecidos naturais, melhorando a integração dos tecidos e acelerando a reparação. Por exemplo, os hidrogéis carregados de zinco ou as matrizes de colagénio impregnadas de cobre podem ser utilizados para atingir diretamente as vias metabólicas envolvidas na cicatrização da hérnia inguinal.

Síntese e aplicações terapêuticas

A compreensão dos papéis específicos dos metais e das suas interacções permite o desenvolvimento de estratégias terapêuticas inovadoras para otimizar a cicatrização dos tecidos. Estas abordagens podem incluir :

· Suplementos nutricionais: Optimizados para incluir oligoelementos essenciais como o zinco, o cobre, o ferro e o manganésio, estes suplementos podem ajudar a corrigir as carências e apoiar os processos biológicos necessários à reparação dos tecidos.

· Biomateriais impregnados de metal: Os biomateriais impregnados de metais, como os hidrogéis ou as matrizes de colagénio, são concebidos para libertar progressivamente iões metálicos específicos no local da lesão. Esta libertação controlada de iões metálicos promove processos biológicos fundamentais, como a proliferação celular e a síntese da matriz extracelular, que são essenciais para a cicatrização e regeneração dos tecidos.

• Fármacos bioinorgânicos: Os avanços na química bioinorgânica podem levar à conceção de novos fármacos capazes de modular com precisão as vias bioquímicas para melhorar a reparação dos tecidos. Por exemplo, os complexos de metais de transição, como o zinco ou o cobre, podem ser utilizados para catalisar especificamente a atividade de metaloproteases, como a MMP-1 (colagenase) e a MMP-2 (gelatinase), que estão envolvidas na degradação controlada da matriz extracelular. Estes fármacos podem acelerar a degradação do tecido danificado e promover a remodelação da matriz extracelular, o que é crucial na reparação das hérnias inguinais.

Em resumo, os metais desempenham um papel multifuncional na cicatrização dos tecidos. Como cofactores enzimáticos, reguladores da resposta imunitária e componentes estruturais, são essenciais para uma variedade de processos biológicos. necessários para a reparação dos tecidos. Os oligoelementos como o zinco, o cobre, o ferro, o manganês, o selénio e o magnésio, bem como as metaloproteínas, contribuem para a síntese de colagénio, para a formação de novos vasos sanguíneos, para a modulação da resposta inflamatória e para a proteção contra os danos oxidativos. Os avanços na química bioinorgânica oferecem um enorme potencial para o desenvolvimento de terapias inovadoras destinadas a melhorar a reparação dos tecidos, particularmente no contexto das hérnias inguinais e outras lesões semelhantes.

CAPÍTULO 3

PAPEL DA ACTINA NA REGENERAÇÃO DOS TECIDOS E NA CICATRIZAÇÃO DE HÉRNIAS INGUINAIS

Introdução à actina e sua importância

A actina é uma proteína ubíqua e essencial nos organismos eucariotas. Altamente conservada, encontra-se em praticamente todos os tipos de células, desempenhando um papel crucial em muitos processos celulares e fisiológicos. É produzida por genes que codificam isoformas específicas de actina, que são diferencialmente expressas de acordo com o tipo de célula e a função biológica. Origem da actina: Nos mamíferos, existem várias isoformas de actina, incluindo alfa, beta, gama, delta, etc., que são expressas de formas específicas consoante o tipo de tecido e a fase de desenvolvimento.

Funções da actina :

1. Contração muscular: A actina é um dos principais componentes dos filamentos finos do músculo estriado (esquelético e cardíaco). Interage com a miosina para gerar a força necessária para a contração

muscular, influenciando assim a força e a mobilidade do tecido muscular.

2. Regulação da motilidade celular: Fora do músculo, a actina é crucial para a motilidade celular. Permite que as células se movam durante processos como a migração celular, a divisão celular e a formação de extensões celulares como os pseudópodes e os lamelípodes.

3. Estrutura celular: A actina forma o citoesqueleto das células, apoiando as funções de transporte intracelular e mantendo a integridade celular.

4. Sinalização celular: A actina desempenha um papel na regulação da sinalização celular, actuando como uma plataforma para vários complexos proteicos envolvidos na sinalização intra e intercelular.

Produção e regulação da actina: A actina é produzida no citoplasma da célula sob a forma de monómeros denominados G-actina. Estes monómeros juntam-se para formar filamentos chamados F-actina, que são essenciais para as suas funções biológicas.

A polimerização da actina é um processo dinâmico regulado por uma variedade de proteínas de ligação e de regulação, bem como por mecanismos celulares complexos. Este processo é crucial para a motilidade celular, a contração muscular e a resposta celular a estímulos extracelulares.

Em suma, a actina é uma proteína fundamental para muitas funções celulares e fisiológicas. A sua produção, regulação e função estão intimamente ligadas à saúde e ao bom funcionamento das células e dos tecidos de todo o organismo.

Neste capítulo, iremos explorar em pormenor o papel da actina na regeneração dos tecidos e na cicatrização das hérnias inguinais, focando as implicações clínicas e terapêuticas das alterações da actina nesta condição.

1. o papel da Actina na contração muscular

A actina é um componente fundamental dos filamentos finos do músculo estriado, onde forma uma estrutura helicoidal com outras proteínas associadas, como a tropomiosina e a troponina. Esta estrutura, conhecida como filamento de actina, interage estreitamente com a miosina, a principal proteína dos filamentos espessos. Durante a contração muscular, a miosina liga-se à actina, causando um deslizamento relativo entre os filamentos finos e grossos, encurtando o comprimento do sarcómero e produzindo a contração muscular.

A interação entre a actina e a miosina é regulada por sinais dependentes do cálcio através do complexo troponina-tropomiosina, permitindo uma contração rápida e coordenada das fibras musculares. A dinâmica desta interação é essencial para determinar a força e a velocidade da contração muscular, bem como a mobilidade do tecido muscular no corpo.

2. Modificação da actina em condições patológicas

No contexto das hérnias inguinais e de outras condições patológicas que afectam o músculo e o tecido conjuntivo, a actina pode sofrer várias alterações. Estas alterações podem incluir modificações pós-traducionais, como a fosforilação, a ubiquitinação ou a clivagem enzimática, que afectam a estrutura e a função da actina nas células musculares.

O artigo de Higashi-Fujime et al (ano) explora especificamente a digestão ligeira d a actina do músculo esquelético pela proteinase K, uma enzima que corta especificamente a ligação peptídica entre a metionina e a glicina, produzindo um fragmento C-terminal de 35 kDa conhecido como proK-F-actina. Este fragmento, embora capaz de se polimerizar lentamente em F-actina na presença de faloidina, apresenta uma capacidade reduzida de polimerização em comparação com a actina intacta. Apesar desta redução, a proK-F-actina mantém uma estrutura global semelhante à da actina normal, com uma organização de cadeia dupla típica dos filamentos de actina.

Impacto da Actina Modificada na Cicatrização de Hérnias Inguinais

1. Regeneração de tecidos

As alterações da actina, como as observadas na proK-F-actina, podem ter um impacto significativo na regeneração dos tecidos após uma hérnia inguinal. A actina alterada compromete a formação de tecido cicatricial devido à sua capacidade reduzida de polimerização em filamentos de actina funcionais. Estes filamentos são essenciais para a contração e mobilidade muscular, bem como para a manutenção da estrutura mecânica dos tecidos. A alteração da actina pode levar à formação de tecido cicatricial enfraquecido, aumentando potencialmente o risco de recorrência da hérnia.

2. Interação com miosinas e motilidade muscular

O estudo de Higashi-Fujime et al. mostra que, embora a proK-F-actina tenha uma baixa atividade ATPase com a miosina, mantém uma estrutura suficiente para interagir com ela. Esta interação alterada pode influenciar negativamente a motilidade muscular e a contração dos músculos abdominais após uma hérnia inguinal. A capacidade reduzida da proK-F-actina para formar filamentos de actina funcionais pode limitar a força e a eficiência da contração muscular, afectando assim a recuperação funcional após a cirurgia.

Estratégias para aumentar a actina e melhorar a cicatrização

1. Terapias potenciais

Para otimizar a regeneração dos tecidos após uma hérnia inguinal, podem ser consideradas abordagens farmacológicas para modular a expressão ou a polimerização da actina. Podem ser utilizados fármacos específicos e factores de crescimento para estimular a produção de actina funcional e promover a formação de tecido cicatricial robusto. Isto pode incluir a utilização de promotores da polimerização da actina ou de reguladores da sinalização celular envolvidos na regeneração dos tecidos.

2. Exercício e reforço muscular

O exercício e o reforço muscular podem desempenhar um papel crucial na estimulação da polimerização da actina e na melhoria da força e da resistência do tecido muscular da parede abdominal. Programas de exercício específicos podem aumentar a expressão e a funcionalidade da actina, conduzindo a uma recuperação mais rápida e mais eficaz da hérnia inguinal. Esta abordagem restabelece a função muscular normal e minimiza as complicações a longo prazo.

Ao desenvolver estas estratégias, é possível melhorar significativamente os resultados dos doentes com hérnias inguinais, promovendo uma regeneração óptima dos tecidos e minimizando o risco de recorrência.

CONCLUSÃO

Em conclusão, este livro explorou em profundidade os mecanismos complexos da hérnia inguinal através das lentes da química bioinorgânica e da biologia molecular. Examinámos a anatomia detalhada da parede abdominal, as interacções complexas dos metais e dos nutrientes na cicatrização dos tecidos e a importância crucial dos oligoelementos e das metaloproteínas na regeneração do músculo e do tecido conjuntivo. Além disso, discutimos os últimos avanços científicos neste domínio, incluindo o potencial impacto da radiação gama nas glândulas supra-renais. Este livro tem como objetivo fornecer um recurso abrangente para investigadores, clínicos e estudantes interessados nestas áreas interdisciplinares. Espero que esta exploração dos aspectos bioquímicos e moleculares da hérnia inguinal tenha não só enriquecido a sua compreensão, mas também estimulado o seu interesse em futuros desenvolvimentos nesta área crucial da medicina. Muito obrigado pela leitura e pelo vosso interesse.

GLOSSÁRIO

Canal Inguinal :

· Estrutura: Passagem oblíqua através da parede abdominal inferior, contendo o cordão espermático nos homens e o ligamento redondo nas mulheres.

· Localização: Estende-se desde o anel inguinal profundo até a o anel inguinal superficial.

Anel inguinal profundo :

· Estrutura: Abertura na fáscia transversal, que marca a entrada do canal inguinal.

Anel inguinal superficial :

· Estrutura: Abertura na fáscia do músculo oblíquo externo, marcando a saída do canal inguinal.

Músculos oblíquo interno e transverso do abdómen:

· Estrutura: Forma o pavimento do canal inguinal e reforça a parede

abdominal.

· Função: Contribui para a resistência da parede abdominal contra a

pressão interna.

Ligamento inguinal :

· Estrutura: Faixa fibrosa da espinha ilíaca ântero-superior até ao

tubérculo púbico.

· Função: Ponto de fixação dos músculos da virilha, faz parte do

pavimento do canal inguinal.

· Angiogénese: processo de formação de novos vasos sanguíneos a

partir de vasos pré-existentes, essencial para a revascularização de

tecidos danificados.

· Biomateriais: Materiais concebidos para interagir com sistemas

biológicos para fins médicos, como a reparação de tecidos ou a

administração controlada de medicamentos.

· Colagénio: Principal proteína estrutural do tecido conjuntivo,

essencial para a força e integridade dos tecidos.

· Cofator enzimático: Substância não proteica que ajuda uma enzima a catalisar uma reação bioquímica.

· Hemoglobina: Proteína presente nos glóbulos vermelhos, responsável pelo transporte de oxigénio no sangue.

· Manganês: Elemento vestigial necessário para a formação de ossos e cartilagens e envolvido em enzimas antioxidantes.

· Magnésio: Mineral essencial para a estabilidade das membranas celulares e para o metabolismo energético.

· Metaloproteases: Enzimas que decompõem as proteínas da matriz extracelular, desempenhando um papel na remodelação dos tecidos.

· Metaloproteínas: Proteínas que contêm um ou mais iões metálicos, essenciais para a sua função biológica.

· Oligoelementos : Minerais necessários em pequenas quantidades para o correto funcionamento dos processos biológicos.

· Proliferação celular: Processo pelo qual as células se multiplicam e aumentam em número.

· Reação inflamatória: resposta do sistema imunitário a uma lesão ou infeção, caracterizada pela produção de moléculas pró-inflamatórias.

· Reticulação: O processo de formação de ligações covalentes entre cadeias de moléculas, reforçando assim estruturas como o colagénio e a elastina.

· Superóxido Dismutase (SOD): Enzima antioxidante que protege as células dos danos causados pelos radicais livres.

· Zinco: oligoelemento essencial para o funcionamento de numerosas enzimas e para a síntese do colagénio.

Actina: Uma proteína essencial para a contração muscular e para a regulação da motilidade celular, um dos principais componentes dos filamentos finos do músculo estriado.

Hérnia inguinal: Protrusão de parte do intestino para a região inguinal através de um ponto fraco na parede abdominal.

F-actina: Forma polimerizada da actina, essencial para a contração muscular.

ProK-F-actina: fragmento de actina produzido por digestão ligeira da actina pela proteinase K, com uma capacidade reduzida de polimerização em F-actina.

Faloidina: Toxina que estabiliza a F-actina, promovendo a sua polimerização. Glossário

Angiogénese: Processo através do qual se formam novos vasos

sanguíneos a partir de vasos pré-existentes, cruciais para o fornecimento de nutrientes e oxigénio aos tecidos em reparação.

Cofator enzimático: Substância não proteica necessária para a atividade de uma enzima. Metais como o zinco, o cobre e o ferro podem ser utilizados como cofactores enzimáticos.

Colagénio: Uma das principais proteínas estruturais do tecido conjuntivo, essencial para a força e integridade da pele, ossos, tendões e ligamentos.

Citocinas: Pequenas proteínas libertadas pelas células que têm um efeito específico nas interacções e comunicações entre as células, desempenhando um papel fundamental na modulação da resposta imunitária e inflamatória.

Glicosaminoglicanos (GAGs) : Polissacáridos complexos presentes na matriz extracelular, importantes para a estrutura e função do tecido conjuntivo.

Glutationa Peroxidase (GPx): enzima antioxidante contendo selénio que reduz os peróxidos e protege as células contra os danos oxidativos.

Hemoglobina: Proteína presente nos glóbulos vermelhos que transporta o oxigénio dos pulmões para os tecidos e o dióxido de carbono dos tecidos para os pulmões.

Manganês Superóxido Dismutase (MnSOD): Enzima antioxidante dependente do manganês que protege as células neutralizando os radicais superóxidos nas mitocôndrias.

Matriz extracelular (MEC): Uma rede complexa de macromoléculas, como o colagénio, as elastinas e as glicoproteínas, que fornecem apoio estrutural e bioquímico às células circundantes.

Metaloproteinases de matriz (MMPs): Uma família de enzimas que degradam os componentes da matriz extracelular, desempenhando um papel fundamental na remodelação dos tecidos e na cicatrização de feridas.

Proteoglicanos: Glicoproteínas presentes na matriz extracelular, que interagem com os glicosaminoglicanos para formar uma estrutura de suporte para as células.

Radicais livres: Átomos ou moléculas instáveis que têm um eletrão não emparelhado, o que os torna altamente reactivos e capazes de causar danos celulares.

Resposta inflamatória: reação complexa do organismo a uma lesão ou infeção, envolvendo células imunitárias, vasos sanguíneos e mediadores moleculares, com o objetivo de eliminar o agente patogénico e iniciar a reparação dos tecidos.

Superóxido Dismutase (SOD): Enzima antioxidante que catalisa a dismutação dos radicais superóxido em oxigénio e peróxido de hidrogénio, reduzindo os danos oxidativos.

Tirosinase: Enzima contendo cobre envolvida na biossíntese da melanina e nos processos angiogénicos, influenciando a pigmentação da pele e a formação de novos vasos sanguíneos.

Vascularização: Formação de vasos sanguíneos num tecido, permitindo o fornecimento de nutrientes e oxigénio essenciais para a cicatrização e regeneração dos tecidos.

VEGF (Fator de Crescimento Endotelial Vascular) : Proteína sinalizadora que estimula a formação de novos vasos sanguíneos, desempenhando um papel fundamental na angiogénese.

REFERÊNCIAS

1- Netter, F. H. (2019). Atlas de anatomia humana. Elsevier Masson.

2- Standring, S. (Ed.). (2016). Anatomia de Gray: A base anatómica da prática clínica (41ª ed.). Elsevier.

3- Fitzgibbons, R. J., Jr, Forse, R. A., & Grupo de Trabalho sobre Hérnias da Virilha (2018). Atualização das directrizes para o tratamento laparoscópico de hérnias da parede abdominal ventral e incisional (International Endohernia Society [IEHS]) - Parte B. Surgical Endoscopy, 32(1), 293-311. https://doi.org/10.1007/s00464-017-5803-0

4- Kingsnorth, A., & LeBlanc, K. (2003). Hernias: Inguinal and incisional. Springer.

5- Amid, P. K. (1996). A hernioplastia aberta "sem tensão" de Lichtenstein. American Journal of Surgery, 171(3), 193-197.

6- Alberts, B., Johnson, A., Lewis, J., Raff, M., Roberts, K., & Walter, P. (2002). Molecular Biology of the Cell (4ª ed.). Garland Science.

7- Barinaga, M. (1994). New clues to how wounds heal. Science, 264(5161), 1663- 1665.Brem, H., & Tomic-Canic, M. (2007). Cellular and molecular basis of wound healing in diabetes. Journal of Clinical Investigation, 117(5), 1219-1222.

8- Burke, J. F., & Yannas, I. V. (1978). Uso bem-sucedido de uma pele artificial fisiologicamente aceitável no tratamento de queimaduras extensas. Annals of Surgery, 187(4), 379-391.

9- Cohen, M. M. (2006). O papel do zinco na cicatrização de feridas tecidulares. Journal of Clinical Pathology, 59(4), 321-323.

10- Davis, G. E., & Senger, D. R. (2005). Matriz extracelular endotelial: Biosíntese, remodelação e funções durante a morfogénese vascular e a estabilização de neovasos. Circulation Research, 97(11), 1093-1107.

11- Furie, B., & Furie, B. C. (1988). The molecular basis of blood coagulation. Cell, 53(4), 505-518.

12- Kiefbik, A., & Biernat, J. (2019). O papel dos microelementos no processo de cicatrização de feridas. Jornal de Oligoelementos em Medicina e Biologia, 56, 50-56.

13- Laurent, G. J. (1987). Estado dinâmico do colagénio: Vias de degradação do colagénio in vivo e seu possível papel na regulação da massa de colagénio. American Journal of Physiology, 252(1), C1-C9.

14- Martin, P. (1997). Wound healing--aiming for perfect skin regeneration. Science, 276(5309), 75-81.

15- Prockop, D. J., & Kivirikko, K. I. (1995). Colagénios: Molecular biology, diseases, and potentials for therapy. Annual Review of Biochemistry, 64, 403- 434.

16- Weiss, S. J. (1989). Tissue destruction by neutrophils (Destruição de tecidos por neutrófilos). New England Journal of Medicine, 320(6), 365-376.

17- Higashi-Fujime, S., Suzuki, M., Titani, K., & Hozumi, T. (1992). Muscle actin cleaved by proteinase K: Its polymerization and in vitro motility. Journal of Biochemistry, 112(4), 568-572. 19-Alberts, B., Johnson, A., Lewis, J., Raff, M., Roberts, K., & Walter, P. (2002). Molecular Biology of the Cell (4ª ed.). Garland Science.

20-Dos Remedios, C. G., & Chhabra, D. (2003). Actin-binding Proteins. Springer. 21-Pollard, T. D., & Earnshaw, W. C. (2002). Cell Biology (1ª ed.). Saunders.

22- Dominguez, R., & Holmes, K. C. (2011). Actin Structure and Function. Springer.

23- Pardee, J. D., & Spudich, J. A. (1982). Purification of muscle actin (Purificação de actina muscular). Methods in Enzymology, 85(Pt B),

164-181. doi:10.1016/S0076-6879(82)85017-1

24- Cooper, J. A., & Pollard, T. D. (1982). Methods to measure actin treadmilling rate in living cells. Methods in Enzymology, 85(Pt B), 182-210.

25- Selden, S. C., & Pollard, T. D. (1983). Phalloidin and the stabilization of actin filaments. Journal of Biological Chemistry, 258(16), 14461-14466. PMID: 6627651.

26- Higashi-Fujime, S., Suzuki, M., Titani, K., & Hozumi, T. (1992). Muscle actin cleaved by proteinase K: its polymerization and in vitro motility. Journal of Biochemistry, 111(6), 703-708. doi:10.1093/oxfordjournals.jbchem.a123940

Pollard, T. D., & Korn, E. D. (1973). Acanthamoeba myosin. II. Interação com a actina e com uma nova proteína cofactora necessária para a ativação da actina da atividade da Mg2+- adenosina trifosfatase. Journal of Biological Chemistry, 248(18), 6375-6380. PMID: 4743355

27- Burgess, D. R., & Chang, F. (2005). Mutagénese dirigida ao local do gene da actina. Methods in Molecular Biology (Clifton, N.J.), 300, 17-28. doi:10.1385/1- 59259-895-9:017.

Printed by Books on Demand GmbH, Norderstedt / Germany